Korean handwriting
시와 노랫말로
다시 쓰는 한글

안은진

Re;Start series ❸ 한글 필사

: Korean handwriting 시와 노랫말로 다시 쓰는 한글

2026년 01월 26일 초판 인쇄
2026년 02월 02일 초판 발행

펴 낸 이 ｜ 김정철
펴 낸 곳 ｜ 아티오
지 은 이 ｜ 안은진
기획/진행 ｜ 김미영
마 케 팅 ｜ 강원경
디 자 인 ｜ 박효은
전   화 ｜ 031-983-4092
팩   스 ｜ 031-696-5780
등   록 ｜ 2013년 2월 22일
정   가 ｜ 15,000원
홈페이지 ｜ http://www.atio.co.kr

왜 손으로 따라 써야 할까요?

어릴 적, 엄마가 불러주시던 자장가.

친구들과 골목에서 함께 부르던 동요.

라디오에서 들려오던 노래.

마음을 울렸던 시 한 구절.

그 시절의 노래와 말들은 아직도 마음 어딘가에 남아 있습니다.

이 책은 손으로 쓰는 책입니다.

단순히 글자를 베껴 쓰는 것이 아닙니다.

한 글자 한 글자 정성스럽게 써 내려가다 보면, 잊고 있던 기억들이

조용히 되살아납니다.

펜 끝에서 흘러나오는 글씨를 따라가며, 지나온 삶의 순간들을 다시

만나게 됩니다.

동요, 민요, 시 속에는 우리가 잊고 지낸 어린 시절의 목소리와 감정이

살아 숨 쉬고 있습니다.

세월이 지나도 변하지 않는 마음의 울림이 그대로 담겨 있지요.

천천히 따라 쓰다 보면 어린 시절의 감정들이 되살아날 것입니다.

지금, 펜을 들고 시작해 보세요.

조용히 떠오르는 기억이, 어느새 내 이야기가 되어줄지도 모릅니다.

이렇게 활용하세요

| **나만의 속도로 천천히** | • 하루에 한 작품씩, 또는 일주일에 몇 편씩 자유롭게 정해보세요. |

나만의 속도로 천천히
- 하루에 한 작품씩, 또는 일주일에 몇 편씩 자유롭게 정해보세요.
- 마음이 끌리는 순서대로 써도 괜찮습니다.
- 서두르지 않고 여유롭게 즐기시면 됩니다.

자유롭게 바꿔쓰기
- 책에 실린 가사나 시구가 기억하시는 것과 다르다면, 편하게 알고 계시는 대로 써보세요. 그것이 더 의미 있고 소중한 필사가 됩니다.
- 구전으로 전해진 문화의 특성상 여러 버전이 있는 것은 자연스러운 일입니다.

추억과 함께 기록하기
- 각 작품 아래 '필사하며 떠오른 한 줄 생각' 공간에는 필사하면서 떠오른 기억이나 감정을 적어보세요. '이 노래를 들으면 어머니가 생각난다', '이 시구가 참 마음에 든다' 같은 짧은 메모면 충분합니다.

소리와 함께 즐기기
- 동요나 민요는 인터넷에서 찾아 들으며 써보세요.
- 멜로디를 떠올리며 쓰면 더욱 생생한 추억이 됩니다.
- 필사를 마친 후에는 소리 내어 읽어보세요. 목소리로 전해지는 운율과 정서가 또 다른 감동을 줄 것입니다.

이 책은 소중한 시간과 추억을 담는 공간입니다.
편안한 마음으로, 각자만의 방식으로 채워 가시길 바랍니다.

필사를 시작하기 전에 알아둘 점들

가사와 원문에 대해

• 원문을 최대한 그대로 실으려 노력했지만, 필사에 적합하도록 일부 수정한 부분이 있습니다.

• 시 작품의 한자 표기는 쓰기 편하도록 생략했습니다.

• 민요와 구전동요는 입에서 입으로 전해져 온 특성상, 기억하시는 가사와 다를 수 있습니다.

• 이런 차이는 우리 문화의 다양성을 보여주는 소중한 특징입니다.

시 작품에 대해

• 윤동주의 「별 헤는 밤」과 정지용의 「향수」는 필사에 적합한 분량으로 엄선하여 수록했습니다.

• 더 깊이 감상하고 싶으시면 시집이나 인터넷을 통해 전체 원문을 찾아보시는 것도 좋겠습니다.

옛말 뜻풀이에 대해

• 현재는 잘 사용하지 않는 옛말이나 어려운 단어는 각 작품 아래에 '옛말 뜻풀이'로 설명해 두었습니다.

CONTENTS

제1장 그 시절 우리가 부르던 동요

제2장 고향의 소리, 전래 민요

제3장 마음을 담은 시 한 편

제4장 잊지 못할 추억의 노래들

제1장

그 시절 우리가
부르던 동요

자장가

자장 자장 우리 아기 자장 자장 우리 아기
꼬꼬 닭아 우지 마라 우리 아기 잠을 깰라
멍멍 개야 짖지 마라 우리 아기 잠을 깰라
자장 자장 우리 아기 자장 자장 잘도 잔다

금자 동아 은자 동아 우리 아기 잘도 잔다
금을 주면 너를 사며 은을 주면 너를 사랴
나라에는 충신 동아 부모에는 효자 동아
자장 자장 우리 아기 자장 자장 잘도 잔다

📖 옛말 뜻풀이

- 금자 동아: 금처럼 귀한 아이

필사하며 떠오른 한 줄 생각

두껍아 두껍아

두껍아 두껍아

헌 집 줄게

새집 다오

두껍아 두껍아

물 길어 오너라

너희 집 지어줄게

두껍아 두껍아

너희 집에 불났다

쇠스랑 가지고

뚤레뚤레 오너라

옛말 뜻풀이

· **쇠스랑**: 쇠로 만든 갈퀴, 농기구의 일종

필사하며 떠오른 한 줄 생각

곰 세 마리

곰 세 마리가 한집에 있어

아빠 곰 엄마 곰 애기 곰

아빠 곰은 뚱뚱해

엄마 곰은 날씬해

애기 곰은 너무 귀여워

으쓱으쓱 잘한다

〰〰〰〰〰〰〰〰〰〰〰〰〰〰〰〰〰〰〰〰〰〰〰〰

〰〰〰〰〰〰〰〰〰〰〰〰〰〰〰〰〰〰〰〰〰〰〰〰

〰〰〰〰〰〰〰〰〰〰〰〰〰〰〰〰〰〰〰〰〰〰〰〰

〰〰〰〰〰〰〰〰〰〰〰〰〰〰〰〰〰〰〰〰〰〰〰〰

〰〰〰〰〰〰〰〰〰〰〰〰〰〰〰〰〰〰〰〰〰〰〰〰

〰〰〰〰〰〰〰〰〰〰〰〰〰〰〰〰〰〰〰〰〰〰〰〰

〰〰〰〰〰〰〰〰〰〰〰〰〰〰〰〰〰〰〰〰〰〰〰〰

〰〰〰〰〰〰〰〰〰〰〰〰〰〰〰〰〰〰〰〰〰〰〰〰

〰〰〰〰〰〰〰〰〰〰〰〰〰〰〰〰〰〰〰〰〰〰〰〰

〰〰〰〰〰〰〰〰〰〰〰〰〰〰〰〰〰〰〰〰〰〰〰〰

〰〰〰〰〰〰〰〰〰〰〰〰〰〰〰〰〰〰〰〰〰〰〰〰

〰〰〰〰〰〰〰〰〰〰〰〰〰〰〰〰〰〰〰〰〰〰〰〰

〰〰〰〰〰〰〰〰〰〰〰〰〰〰〰〰〰〰〰〰〰〰〰〰

〰〰〰〰〰〰〰〰〰〰〰〰〰〰〰〰〰〰〰〰〰〰〰〰

필사하며 떠오른 한 줄 생각

여우야 여우야 뭐하니

여우야 여우야 뭐하니 잠잔다 잠꾸러기

여우야 여우야 뭐하니 세수한다 멋쟁이

여우야 여우야 뭐하니 옷 입는다 예쁜이

여우야 여우야 뭐하니 밥 먹는다

무슨 반찬 개구리 반찬

죽었니 살았니 죽었다

여우야 여우야 뭐하니 잠잔다 잠꾸러기

여우야 여우야 뭐하니 세수한다 멋쟁이

여우야 여우야 뭐하니 옷 입는다 예쁜이

여우야 여우야 뭐하니 밥 먹는다

무슨 반찬 개구리 반찬

죽었니 살았니 살았다

필사하며 떠오른 한 줄 생각

꼭꼭 숨어라

꼭꼭 숨어라 머리카락 보일라

텃밭에도 안 된다 상추 씨앗 밟는다

꽃밭에도 안 된다 꽃모종을 밟는다

울타리도 안 된다 호박 순을 밟는다

꼭꼭 숨어라 머리카락 보일라

종종머리 찾았네 장독대에 숨었네

까까머리 찾았네 방앗간에 숨었네

빨간 댕기 찾았네 기둥 뒤에 숨었네

필사하며 떠오른 한 줄 생각

앞니 빠진 중강새

앞니 빠진 중강새 우물가에 가지 마라
붕어 새끼 놀란다 잉어 새끼 놀란다

윗니 빠진 달강새 골방 속에 가지 마라
빈대한테 뺨 맞을라 벼룩이한테 차일라

앞니 빠진 중강새 닭장 곁에 가지 마라
암탉한테 차일라 수탉한테 차일라

📖 옛말 뜻풀이
....

• 중강새, 달강새: 앞니가 빠진 아이를 재미있게 부르는 말

필사하며 떠오른 한 줄 생각

대문 놀이

문지기 문지기 문 열어라
열쇠 없어 못 열겠네
어떤 대문에 들어갈까
동대문에 들어가

문지기 문지기 문 열어라
열쇠 없어 못 열겠네
어떤 대문에 들어갈까
서대문에 들어가

문지기 문지기 문 열어라
열쇠 없어 못 열겠네
어떤 대문에 들어갈까
남대문에 들어가

문지기 문지기 문 열어라
열쇠 없어 못 열겠네
어떤 대문에 들어갈까
북대문에 들어가

문지기 문지기 문 열어라
덜커덩떵 열렸다

필사하며 떠오른 한 줄 생각

우리 모두 다같이

우리 모두 다같이 손뼉을 짝짝

우리 모두 다같이 손뼉을 짝짝

우리 모두 다같이 즐거웁게 노래해

우리 모두 다같이 손뼉을 짝짝

우리 모두 다같이 발 굴러 쿵쿵

우리 모두 다같이 발 굴러 쿵쿵

우리 모두 다같이 즐거웁게 노래해

우리 모두 다같이 발 굴러 쿵쿵

필사하며 떠오른 한 줄 생각

밀과 보리가 자라네

밀과 보리가 자라네
밀과 보리가 자라네
밀과 보리가 자라는 것은
누구든지 알지요

농부가 씨를 뿌려
흙으로 덮은 후에
발로 밟고 손뼉치고
사방을 둘러보네

친구를 기다려
친구를 기다려
한 사람만 나오세요
나와 같이 춤추세

랄라랄라 랄라라
랄라랄라 랄라라
랄라랄라 랄라랄라
랄라랄라 랄라라

필사하며 떠오른 한 줄 생각

아침 바람 찬 바람에

쎄쎄쎄!

아침 바람 찬 바람에

울고 가는 저 기러기

우리 선생 계실 적에

엽서 한 장 써 주세요

한 장 말고 두 장이요

두 장 말고 세 장이요

구리 구리 구리 구리

가위 바위 보!

(하나 빼기!)

필사하며 떠오른 한 줄 생각

나물 노래

꼬불꼬불 고사리 이 산 저 산 넘나물

가자가자 갓나무 오자오자 옻나무

말랑말랑 말냉이 잡아뜯어 꽃다지

바귀바귀 씀바귀 매끈매끈 기름나물

배가 아파 배나무 따끔따끔 가시나무

필사하며 떠오른 한 줄 생각

달아달아 밝은 달아

달아달아 밝은 달아 이태백이 놀던 달아
저기저기 저 달 속에 계수나무 박혔으니
옥도끼로 찍어 내어 금도끼로 다듬어서
초가삼간 집을 짓고 양친 부모 모셔다가
천년만년 살고지고 천년만년 살고지고

필사하며 떠오른 한 줄 생각

잘잘잘

하나 하면 할머니가
지팡이를 짚는다고 잘잘잘
둘 하면 두부 장수
두부를 판다고 잘잘잘
셋 하면 새색시가
거울을 본다고 잘잘잘
넷 하면 냇가에서
빨래를 한다고 잘잘잘
다섯 하면 다람쥐가
알밤을 깐다고 잘잘잘
여섯 하면 여학생이
공부를 한다고 잘잘잘
일곱 하면 일꾼들이
나무를 벤다고 잘잘잘

여덟 하면 엿장수가
깨엿을 판다고 잘잘잘
아홉 하면 아버지가
장보러 간다고 잘잘잘
열 하면 열무장수
열무를 판다고
"열무 사려!"

필사하며 떠오른 한 줄 생각

제2장

고향의 소리,
전래 민요

도라지 타령 (경기도 민요)

도라지 도라지 백도라지

심심 산천에 백도라지

한두 뿌리만 캐어도

대바구니 철철철 다 넘는다

에헤요 에헤요 에헤요

에야라 난다 지화자 좋다

얼씨구 좋구나 내 사랑아

필사하며 떠오른 한 줄 생각

군밤 타령 (경기도 민요)

바람이 분다 바람이 불어 연평 바다에
어허어 얼싸 돈바람 분다 얼싸 좋네 아 좋네
군밤이요 에헤라 생률 밤이로구나

달도 밝다 달도 밝아 우주 강산에
어허어 얼싸 저 달이 밝아 얼싸 좋네 아 좋네
군밤이요 에헤라 생률 밤이로구나

필사한 날   년   월   일

필사하며 떠오른 한 줄 생각

쾌지나 칭칭 나네 (경상도 민요)

쾌지나 칭칭 나네 쾌지나 칭칭 나네

청천 하늘엔 잔 별도 많다 쾌지나 칭칭 나네

또 내 가슴엔 희망도 많다 쾌지나 칭칭 나네

서산에 지는 해는 쾌지나 칭칭 나네

그 뉘라서 잡아 매며 쾌지나 칭칭 나네

가는 세월을 막을손가 쾌지나 칭칭 나네

쾌지나 칭칭 나네 쾌지나 칭칭 나네

필사하며 떠오른 한 줄 생각

늴리리야 (경기도 민요)

늴리리야 늴리리야

니나노 난실로 내가 돌아간다

늴늴리리 늴리리야

청사초롱 불 밝혀라

잊었던 낭군이 다시 돌아온다

늴늴리리 늴리리야

늴리리야 늴리리야

니나노 난실로 내가 돌아간다

늴늴리리 늴리리야

백옥같이 고운 얼굴

햇빛에 그을리기 웬 말인가

늴늴리리 늴리리야

필사하며 떠오른 한 줄 생각

밀양 아리랑 (경상도 민요)

날 좀 보소 날 좀 보소 날 좀 보소

동지섣달 꽃 본 듯이 날 좀 보소

아리 아리랑 쓰리 쓰리랑 아라리가 났네

아리랑 고개로 날 넘겨주소

정든 님이 오셨는데 인사를 못해

행주치마 입에 물고 입만 방긋

아리 아리랑 쓰리 쓰리랑 아라리가 났네

아리랑 고개로 날 넘겨주소

📖 옛말 뜻풀이

• 행주치마: 앞치마, 일할 때 입는 치마

필사하며 떠오른 한 줄 생각

진도 아리랑 (전라도 민요)

아리 아리랑 쓰리 쓰리랑 아라리가 났네

아리랑 음음음 아라리가 났네

문경 새재는 웬 고갠가

굽이야 굽이굽이가 눈물이로구나

아리아리랑 쓰리쓰리랑 아라리가 났네

아리랑 음음음 아라리가 났네

노다 가세 노다나 가세

저 달이 떴다 지도록 노다나 가세

아리 아리랑 쓰리 쓰리랑 아라리가 났네

아리랑 음음음 아라리가 났네

필사하며 떠오른 한 줄 생각

한오백년 (강원도 민요)

아무렴 그렇지 그렇구 말구

한 오백 년 사자는데 웬 성화요

한 많은 이 세상 야속한 님아

정을 두고 몸만 가니 눈물이 나네

아무렴 그렇지 그렇구 말구

한 오백년 살자는데 웬 성화요

뒷동산 후원에 칠성단을 뭇고

우리 부모님 만수무강을 빌어보자

아무렴 그렇지 그렇구 말구

한 오백 년 사자는데 웬 성화요

📖 옛말 뜻풀이

....

• 칠성단: 칠성(북두칠성)에 제사 지내는 제단   • 뭇고 : 쌓고

필사한 날   년   월   일

필사하며 떠오른 한 줄 생각

청춘가 (경기 민요)

청춘 홍안을 네 자랑 말아라
덧없는 세월에 백발이 되노라
무정세월아, 가지를 말아라
장안의 호걸이 다 늙어 가누나
세월이 가기는 흐르는 물 같고
사람이 늙기는 바람결 같구나
천금을 주어도 세월은 못 사네
못 사는 세월을 허송을 말아라

옛말 뜻풀이

....

• 홍안: 젊고 아름다운 얼굴, 젊은 시절

필사하며 떠오른 한 줄 생각

달 타령

달아 달아 밝은 달아 이태백이 놀던 달아
정월에 뜨는 저 달은 새 희망을 주는 달
이월에 뜨는 저 달은 동동주를 먹는 달
삼월에 뜨는 달은 처녀 가슴을 태우는 달
사월에 뜨는 달은 석가모니 탄생한 날

달아 달아 밝은 달아 이태백이 놀던 달아
오월에 뜨는 저 달은 단오 그네 뛰는 달
유월에 뜨는 저 달은 유두 밀떡 먹는 달
칠월에 뜨는 달은 견우직녀가 만나는 달
팔월에 뜨는 달은 강강수월래 뜨는 달

달아 달아 밝은 달아 이태백이 놀던 달아
구월에 뜨는 저 달은 풍년가를 부르는 달
시월에 뜨는 저 달은 문풍지를 바르는 달
십일월에 뜨는 달은 동지팥죽을 먹는 달
십이월에 뜨는 달은 님 그리워 뜨는 달
님 그리워 뜨는 달 님 그리워 뜨는 달

필사하며 떠오른 한 줄 생각

새야 새야 파랑새야 (구전 민요)

새야 새야 파랑새야 녹두밭에 앉지 마라
녹두꽃이 떨어지면 청포장수 울고 간다

새야 새야 파랑새야 우리 논에 앉지 마라
새야 새야 파랑새야 우리 밭에 앉지 마라

아랫녘 새는 아래로 가고 윗녘 새는 위로 가고
새야 새야 파랑새야 우리 밭에 앉지 마라

새야 새야 파랑새야 녹두밭에 앉지 마라
새야 새야 파랑새야 우리 밭에 앉지 마라

새야 새야 파랑새야 녹두꽃이 떨어지면
새야 새야 파랑새야 우리 밭에 앉지 마라

필사하며 떠오른 한 줄 생각

제3장

마음을 담은 시 한 편

엄마야 누나야

김소월

엄마야 누나야 강변 살자,
뜰에는 반짝이는 금모래빛,
뒷문 밖에는 갈잎의 노래
엄마야 누나야 강변 살자.

필사하며 떠오른 한 줄 생각

진달래꽃

김소월

나 보기가 역겨워
가실 때에는
말없이 고이 보내드리우리다

영변에 약산
진달래꽃
아름 따다 가실 길에 뿌리우리다

가시는 걸음 걸음
놓인 그 꽃을
사뿐히 즈려밟고 가시옵소서

나 보기가 역겨워
가실 때에는
죽어도 아니 눈물 흘리우리다

필사하며 떠오른 한 줄 생각

서시

윤동주

죽는 날까지 하늘을 우러러
한 점 부끄럼이 없기를,
잎새에 이는 바람에도
나는 괴로워했다.
별을 노래하는 마음으로
모든 죽어가는 것을 사랑해야지.
그리고 나한테 주어진 길을
걸어가야겠다.

오늘 밤에도 별이 바람에 스치운다.

필사한 날　　　　　년　　　　　월　　　　　일

필사하며 떠오른 한 줄 생각

별 헤는 밤

윤동주

계절이 지나가는 하늘에는
가을로 가득 차 있습니다.

나는 아무 걱정도 없이
가을 속의 별들을 다 헬 듯합니다.

가슴 속에 하나 둘 새겨지는 별을
이제 다 못 헤는 것은
쉬이 아침이 오는 까닭이요,
내일 밤이 남은 까닭이요,
아직 나의 청춘이 다 하지 않은 까닭입니다.

별 하나에 추억과
별 하나에 사랑과
별 하나에 쓸쓸함과
별 하나에 동경과
별 하나에 시와
별 하나에 어머니, 어머니.

필사하며 떠오른 한 줄 생각

봄편지

서덕출

연못 가에 새로 핀

버들 잎을 따서요

우표 한 장 붙여서

강남으로 보내면

작년에 간 제비가

푸른 편지 보고요

대한 봄이 그리워

다시 찾아 옵니다

필사하며 떠오른 한 줄 생각

눈꽃 송이

서덕출

송이송이 눈꽃 송이
하얀 꽃송이
하늘에서 피어 오는
하얀 꽃송이
나무에나 뜰 위에나
동구 밖에나
골고루 나부끼니
보기도 좋네

송이송이 눈꽃 송이
하얀 꽃송이
하늘에서 피어 오는
하얀 꽃송이
크고 작은 오막집을
가리지 않고
골고루 나부끼니
보기도 좋네

필사하며 떠오른 한 줄 생각

향수

정지용

넓은 벌 동쪽 끝으로
옛이야기 지줄대는 실개천이 회돌아 나가고,
얼룩백이 황소가
해설피 금빛 게으른 울음을 우는 곳,
그곳이 참하 꿈엔들 잊힐 리야.

질화로에 재가 식어지면
뷔인 밭에 밤바람 소리 말을 달리고,
엷은 조름에 겨운 늙으신 아버지가
짚벼개를 돋아 고이시는 곳,
그 곳이 참하 꿈엔들 잊힐리야.

흙에서 자란 내 마음
파아란 하늘빛이 그립어
함부로 쏜 활살을 찾으려
풀섶 이슬에 함추름 휘적시든 곳,
그곳이 참하 꿈엔들 잊힐 리야.

📖 옛말 뜻풀이

· 해설피: 해가 질 무렵
· 참하: 정말로

· 뷔인 밭: 비어 있는 밭
· 함추름 : 가지런하고 고운 모양

필사하며 떠오른 한 줄 생각

형제별

방정환

날 저무는 하늘에
별이 삼형제
반짝반짝
정답게 지내더니,

웬일인지 별 하나
보이지 않고,
남은 별이 둘이서
눈물 흘린다.

필사하며 떠오른 한 줄 생각

시
◇◇◇◇◇◇◇

봄은 고양이로다

이장희

꽃가루와 같이 부드러운 고양이의 털에
고운 봄의 향기가 어리우도다.

금방울과 같이 호동그란 고양이의 눈에
미친 봄의 불길이 흐르도다.

고요히 다물은 고양이의 입술에
포근한 봄졸음이 떠돌아라.

날카롭게 쭉 뻗은 고양이의 수염에
푸른 봄의 생기가 뛰놀아라.

 옛말 뜻풀이

··

• 호동그란: 둥그런, 동그란

필사하며 떠오른 한 줄 생각

돌담에 속삭이는 햇발

김영랑

돌담에 속삭이는 햇발같이
풀 아래 웃음짓는 샘물같이
내 마음 고요히 고운 봄 길 위에
오늘 하루 하늘을 우러르고 싶다

새악시 볼에 떠오는 부끄럼같이
시의 가슴 살포시 젖는 물결같이
보드레한 에머랄드 얇게 흐르는
실비단 하늘을 바라보고 싶다.

필사하며 떠오른 한 줄 생각

모란이 피기까지는

김영랑

모란이 피기까지는

나는 아직 나의 봄을 기다리고 있을 테요

모란이 뚝뚝 떨어져 버린 날

나는 비로소 봄을 여읜 설움에 잠길테요

5월 어느 날, 그 하루 무덥던 날

떨어져 누운 꽃잎마저 시들어 버리고는

천지에 모란은 자취도 없어지고

뻗쳐 오르던 내 보람 서운케 무너졌느니

모란이 지고 말면 그뿐, 내 한 해는 다 가고 말아

삼백예순 날 하냥 섭섭해 우옵네다

모란이 피기까지는

나는 아직 기다리고 있을테요,

찬란한 슬픔의 봄을.

📖 옛말 뜻풀이

• 하냥 : 줄곧, 내내, 항상

필사한 날   년   월   일

필사하며 떠오른 한 줄 생각

사슴

노천명

모가지가 길어서 슬픈 짐승이여
언제나 점잖은 편 말이 없구나
관이 향기로운 너는
무척 높은 족속이었나 보다

물속의 제 그림자를 들여다보고
잃었던 전설을 생각해 내고는
어찌할 수 없는 향수에
슬픈 모가지를 하고 먼 데 산을 바라본다.

📖 **옛말 뜻풀이**

· 관(冠): 사슴의 뿔을 왕관처럼 비유한 말

필사하며 떠오른 한 줄 생각

청포도

이육사

내 고장 칠월은
청포도가 익어가는 시절

이 마을 전설이 주저리주저리 열리고
먼데 하늘이 꿈꾸며 알알이 들어와 박혀

하늘 밑 푸른 바다가 가슴을 열고
흰 돛단배가 곱게 밀려서 오면

내가 바라는 손님은 고달픈 몸으로
청포를 입고 찾아온다고 했으니

내 그를 맞아 이 포도를 따 먹으면
두 손은 함뿍 적셔도 좋으련

아이야 우리 식탁엔 은쟁반에
하이얀 모시 수건을 마련해 두렴

필사하며 떠오른 한 줄 생각

떠나가는 배

박용철

나 두 야 간다
나의 이 젊은 나이를
눈물로야 보낼거냐
나 두 야 가련다.

아늑한 이 항구인들 손쉽게야 버릴 거냐
안개같이 물어린 눈에도 비치나니
골짜기마다 발에 익은 묏부리 모양
주름살도 눈에 익은 아, 사랑하던 사람들

버리고 가는 이도 못 잊는 마음
쫓겨가는 마음인들 무어 다를 거냐
돌아다보는 구름에는 바람이 헤살 짓는다
앞 대일 언덕인들 마련이나 있을 거냐

나 두 야 가련다
나의 이 젊은 나이를
눈물로야 보낼 거냐
나 두 야 간다.

 **옛말 뜻풀이**

• 헤살 짓는다: 방해하다, 훼방 놓다   • 앞 대일: 앞에 있는, 가까운

필사하며 떠오른 한 줄 생각

사랑하는 까닭

한용운

내가 당신을 사랑하는 것은
까닭이 없는 것은 아닙니다.
다른 사람들은 나의 홍안만을 사랑하지만은
당신은 나의 백발도 사랑하는 까닭입니다.

내가 당신을 사랑하는 것은
까닭이 없는 것은 아닙니다.
다른 사람들은 나의 미소만을 사랑하지만은
당신은 나의 눈물도 사랑하는 까닭입니다.

내가 당신을 사랑하는 것은
까닭이 없는 것은 아닙니다.
다른 사람들은 나의 건강만을 사랑하지만은
당신은 나의 죽음도 사랑하는 까닭입니다

 옛말 뜻풀이
....

• 홍안: 젊고 아름다운 얼굴, 젊은 시절

필사하며 떠오른 한 줄 생각

세월이 가면

박인환

지금 그 사람의 이름은 잊었지만
그의 눈동자 입술은
내 가슴에 있어.

바람이 불고
비가 올 때도
나는 저 유리창 밖
가로등 그늘의 밤을 잊지 못하지

사랑은 가고
과거는 남는 것
여름날의 호숫가
가을의 공원
그 벤치 위에
나뭇잎은 떨어지고
나뭇잎은 흙이 되고
나뭇잎에 덮여서
우리들 사랑이 사라진다 해도

지금 그 사람 이름은 잊었지만
그의 눈동자 입술은
내 가슴에 있어
내 서늘한 가슴에 있건만

필사하며 떠오른 한 줄 생각

제4장

잊지 못할
추억의 노래들

옛날의 금잔디

미국 민요 / 윤치호 번안

옛날에 금잔디 동산에 메기
같이 앉아서 놀던 곳
물레방아 소리 들린다 메기
내 사랑하는 메기야
동산 수풀은 없어지고
장미꽃은 피어 만발하였다
물레방아 소리 그쳤다 메기
내 사랑하는 메기야

필사하며 떠오른 한 줄 생각

희망가

작사 : 미상 / 작곡 : Jeremiah Ingalls / 노래 : 채규엽

이 풍진세상을 만났으니 너의 희망이 무엇이냐

부귀와 영화를 누렸으면 희망이 족할까

푸른 하늘 밝은 달 아래 곰곰이 생각하니

세상만사가 춘몽 중에 또다시 꿈같도다.

이 풍진세상을 만났으니 너의 희망이 무엇이냐

부귀와 영화를 누렸으면 희망이 족할까

담소 화락에 엄벙덤벙 주색잡기에 침몰하야

세상만사를 잊었으면 희망이 족할까

 옛말 뜻풀이

- 풍진 세상: 어지럽고 시끄러운 세상
- 춘몽: 덧없는 꿈

- 담소화락: 담소하며 즐기는 것
- 침몰하야: 빠져들어서

필사하며 떠오른 한 줄 생각

사의 찬미

작사 : 윤심덕 / 작곡 : 이바노비치

광막한 광야에 달리는 인생아

너의 가는 곳 그 어데이더냐

쓸쓸한 세상 험악한 고해에

너는 무엇을 찾으러 가느냐

눈물로 된 이 세상에 나 죽으면 그만일까

행복 찾는 인생들아 너 찾는 것 허무

웃는 저 꽃과 우는 저 새들이

그 운명이 모두 다 같구나

삶에 열중한 가련한 인생아

너는 칼 위에 춤추는 자로다

눈물로 된 이 세상에 나 죽으면 그만일까

행복 찾는 인생들아 너 찾는 것 허무

허영에 빠져 날뛰는 인생아

너 속혔음을 너는 아느냐

세상의 것은 너에게 허무니

너 죽은 후에 모두 다 없도다

눈물로 된 이 세상에 나 죽으면 그만일까

행복 찾는 인생들아 너 찾는 것 허무

필사하며 떠오른 한 줄 생각

고향 생각

작사 : 현제명 / 작곡 : 현제명

해는 져서 어두운데 찾아오는 사람 없어
밝은 달만 쳐다보니 외롭기 한이 없다
내 동무 어디 두고 이 홀로 앉아서
이 일 저 일을 생각하니 눈물만 흐른다

고향 하늘 쳐다보니 별 떨기만 반짝거려
마음 없는 별을 보고 말 전해 무엇하랴
저 달도 서쪽 산을 다 넘어가건만
단잠 못 이뤄 애를 쓰니 이 밤을 어이해

 옛말 뜻풀이

- -

• 별 떨기: 별무리

필사하며 떠오른 한 줄 생각

희망의 나라로

작사 : 현제명 / 작곡 : 현제명

배를 저어가자 험한 바다 물결 건너 저편 언덕에
산천 경계 좋고 바람 시원한 곳 희망의 나라로

돛을 달아라 부는 바람맞아 물결 넘어 앞에 나가자
자유 평등 평화 행복 가득 찬 곳 희망의 나라로

밤은 지나가고 환한 새벽 온다 종을 크게 울려라
멀리 보이나니 푸른 들이로다 희망의 나라로

돛을 달아라 부는 바람맞아 물결 넘어 앞에 나가자
자유 평등 평화 행복 가득 찬 곳 희망의 나라로

 옛말 뜻풀이

• 경계: 경치, 풍경

필사하며 떠오른 한 줄 생각

오빠는 풍각쟁이

작사 : 박영호 / 작곡 : 김송규 / 노래 : 박향림

오빠는 풍각쟁이야 뭐 오빠는 심술쟁이야 뭐

난 몰라 난 몰라 내 반찬 다 뺏어 먹는 건 난 몰라

불고기 떡볶이는 혼자만 먹고 오이지 콩나물만 나한테 주고

오빠는 욕심쟁이 오빠는 심술쟁이 오빠는 깍쟁이야

오빠는 트집쟁이야 뭐 오빠는 심술쟁이야 뭐

난 싫어 난 싫어 내 편지 남몰래 보는 건 난 싫어

명치좌 구경 갈 땐 혼자만 가고 심부름시킬 때면 엄벙뗑하고

오빠는 핑계쟁이 오빠는 안달쟁이 오빠는 트집쟁이야

오빠는 주정뱅이야 뭐 오빠는 모주꾼이야 뭐

난 몰라 난 몰라 밤늦게 술 취해 오는 건 난 몰라

날마다 회사에선 지각만 하고 월급만 안 오른다고 짜증만 내고

오빠는 짜증쟁이 오빠는 모주쟁이 오빠는 대포쟁이야

옛말 뜻풀이

- 명치좌: 예전 서울 종로의 일본식 극장
- 엄벙뗑: 얼렁뚱땅 대충대충
- 모주꾼: 술을 좋아하는 사람

필사하며 떠오른 한 줄 생각

나의 마음에 남은 동요

엄마가 불러주시던 자장가, 친구들과 손잡고 부르던 노래…
지금도 흥얼거리게 되는 그 동요를 적어보세요.

나의 마음에 남은 노래

라디오에서 흘러나오던 추억의 노래, 청춘 시절 함께 불렀던 그 노래...
지금도 가슴 깊이 남아있는 그 노래를 적어보세요.

한 글자 한 글자 써 내려가며
잊고 지냈던 문장들을
다시 만나보셨나요?

그렇게 되살아난 반가운 기억들이
따뜻한 여운으로 남기를 바랍니다.